我是传奇

威廉姆斯 姐妹

流年 著 锄豆文化 编绘

北京时代华文书局

图书在版编目（CIP）数据

威廉姆斯姐妹 / 流年著；锄豆文化编绘． — 北京：北京时代华文书局，2024.3
　（我是传奇）
　ISBN 978-7-5699-5397-8

Ⅰ．①威… Ⅱ．①流… ②锄… Ⅲ．①儿童故事—中国—当代 Ⅳ．① I287.5

中国国家版本馆 CIP 数据核字（2024）第 052764 号

拼音书名｜WO SHI CHUANQI
　　　　　WEILIANMUSI JIEMEI

出 版 人｜陈　涛
选题策划｜直笔体育　徐　琰
责任编辑｜马彰羚
责任校对｜初海龙
封面设计｜王淑聪
责任印制｜訾　敬

出版发行｜北京时代华文书局 http://www.bjsdsj.com.cn
　　　　　北京市东城区安定门外大街 138 号皇城国际大厦 A 座 8 层
　　　　　邮编：100011　电话：010-64263661　64261528
印　　刷｜三河市嘉科万达彩色印刷有限公司　0316-3156777
　　　　　（如发现印装质量问题，请与印刷厂联系调换）
开　　本｜710 mm × 1000 mm　1/16　印　张｜2.5　字　数｜29 千字
版　　次｜2024 年 3 月第 1 版　　印　次｜2024 年 3 月第 1 次印刷
成品尺寸｜170 mm × 230 mm
定　　价｜198.00 元（全十册）

版权所有，侵权必究

开篇

独自上场，
她们是敢于挑战不公和偏见的单打女王；
并肩作战，
她们是斩获无数荣誉的双打传奇。

她们从贫民窟里走出，
却写就了一段不朽的网坛传奇，
彻底打破女子网坛格局并长时间保持着统治力。

她们就是网球运动场上的姐妹花——
维纳斯·威廉姆斯和塞雷娜·威廉姆斯，
人们亲切地称呼她们大威和小威。

这对从贫民窟走出的姐妹花，
成长为世界瞩目的网球明星，
除了父亲的引领，
还得益于她们对网球的热爱，
对胜利的渴望，
以及对改变命运的强烈愿望。

威廉姆斯姐妹

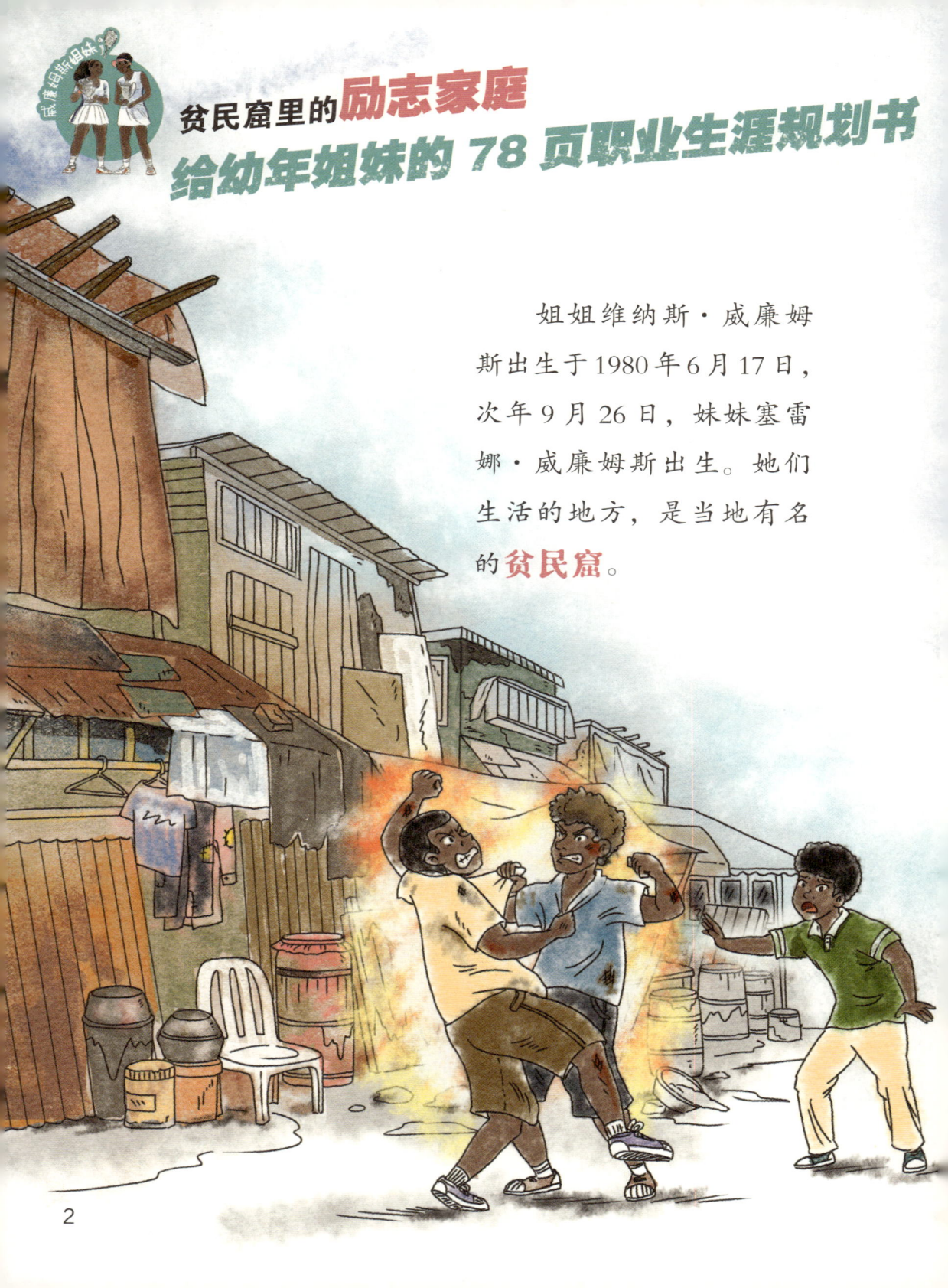

贫民窟里的**励志家庭**
给幼年姐妹的 78 页职业生涯规划书

姐姐维纳斯·威廉姆斯出生于1980年6月17日,次年9月26日,妹妹塞雷娜·威廉姆斯出生。她们生活的地方,是当地有名的**贫民窟**。

生活在这种地方，贫穷不是最可怕的，最可怕的是混乱的治安和随时都有可能爆发的种族冲突。

理查德·威廉姆斯是威廉姆斯姐妹的父亲，他曾经不止一次地遭受过袭击，因此，他受够了这样的屈辱，不想让自己的孩子继续陷入泥潭。

于是，在威廉姆斯姐妹出生之前，他就开始思考着孩子的未来。

年轻时的理查德专心地研究网球运动。理查德找到一个绰号"老威士忌"的人，向他请教网球运动方面的知识，让他教自己打网球。

没有钱付教练费，理查德就请"老威士忌"喝酒。就这样，理查德从"老威士忌"身上学到了不少网球方面的技能。

有一天，理查德在电视上看到一场网球比赛，获得冠军的选手赢得了4万美元的奖金。这时，一个大胆的想法从理查德的脑海中冒出来：

让自己的孩子打网球，通过体育运动改变命运！

理查德为自己的孩子制订了一份**长达78页的职业生涯规划书**。规划书的内容非常详细，从孩子几岁开始打网球、在哪里进行训练，到先练什么后练什么，理查德都做了详细的规划。

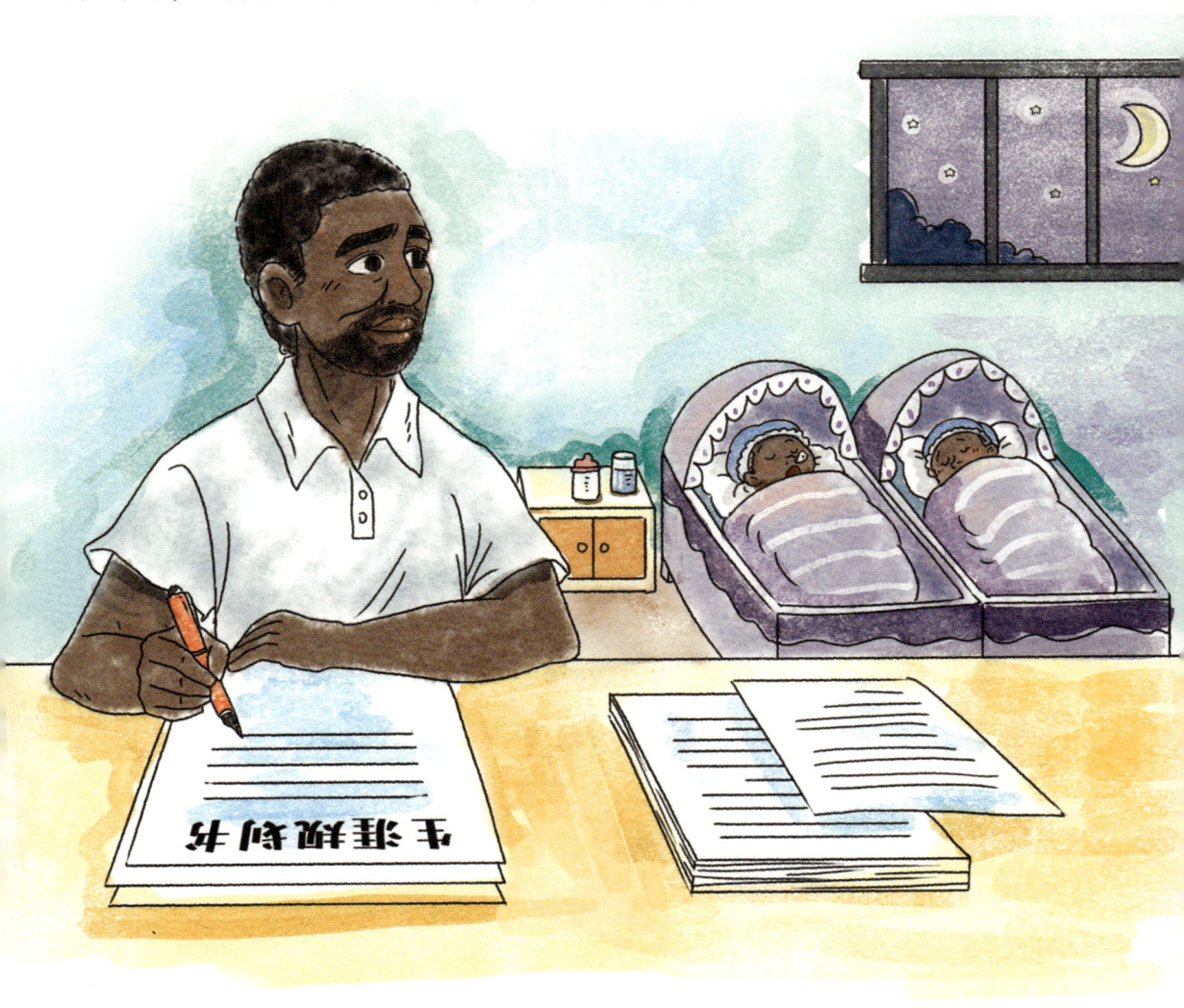

不久以后，威廉姆斯姐妹出生了。当大威4岁半、小威3岁半的时候，理查德开始按照规划书，认真地对她们进行网球训练。到了夜晚，理查德就去工作挣钱，维持一家人的生活。

理查德对两个幼小的女儿进行严苛的训练,很快就引起了关注。邻居认为大威和小威年纪太小,理查德对她们过于严苛了。

有一天,尽管外面下着大雨,理查德依然带着大威和小威**在大雨中进行训练**,邻居实在看不下去了,于是去投诉理查德。

但理查德不为所动,仍然按照规划书训练姐妹俩。

大威和小威上学以后,理查德一边对她们进行网球训练,一边监督她们的学业。这为她们的运动生涯,以及在其他领域的成功,打下了坚实的基础。

没有维纳斯就没有塞雷娜
姐姐是方向也是动力

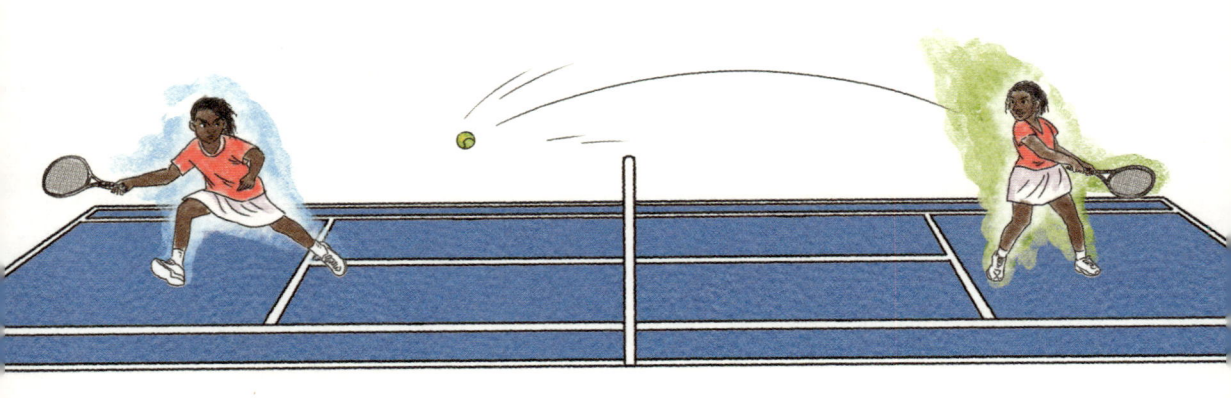

没有专业的网球教练，没有像样的训练场地，也没有合适的球拍和精致的服装、球鞋。

大威和小威在父亲的指导下，凭借艰苦卓绝的训练，打开了通往网球世界的大门。

而大威的网球天赋率先显露出来。

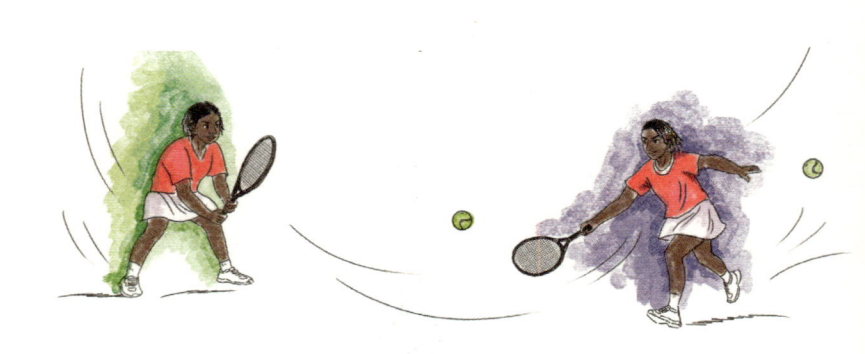

1994 年，大威首次参加国际女子网球协会（Women's Tennis Association, 简称WTA）职业比赛。当时她只是一个初出茅庐的新人，面对经验丰富的对手和无数双观众的眼睛，她有一些紧张。但强烈的好胜心让她很快镇静了下来，她紧握球拍，死死地咬住比分，没有让比分进一步扩大，**最后时刻，她用一记绝杀球赢得了第一轮的比赛。**

到了第二轮比赛，和大威对战的是当时排名世界第二的维卡里奥。这一轮大威输了，但作为一个新人，她的成绩已经开始引人注目了。

在之后的各类比赛中,大威的表现都相当惊艳,她因而获得了很多免费的训练机会。

然而小威一开始的表现不像大威那样引人注目,大威的光环就像一个影子笼罩在小威头顶上。

可这不但没有把小威压垮,反而激发出了她的**斗志**。她发誓一定要变得像姐姐那样优秀。

于是，小威把大威当成学习的对象和追逐的目标。她一遍一遍地观看大威在网球学校的训练录像来提高自己的球技。

大威去世界各地参赛时，小威跟在大威身边，充当她的击球搭档。只要有签位空出来，小威就勇敢地上场比赛。不知不觉中，小威的球技突飞猛进。

姐妹俩携手在世界网坛上掀起了一股**改变女子网坛的风暴**。

掀起**女子网坛风潮**
她们挑战一切偏见与不公

在大威和小威出现在职业网坛之前，网球是一项"贵族运动"。赛场上的女运动员穿着精美的运动服，步伐灵动，每一个动作都要保持优雅。

那个时候，她们打球靠的是聪慧的头脑和灵动的打法。这样的打法的确十分优雅，但看起来软绵绵的，没有力量。

大威和小威可不愿意这样打网球，她们要用**出色的技术和超强的力量**征服网坛。带着这样的目标，她们训练得更加刻苦了。

除了网球技法的训练以外，大威和小威还格外重视体能训练。她们的身体强壮、有力量，手臂上结实的肌肉让她们能够发出**时速高达200千米**的发球，比许多男子选手都快。

除此之外，姐妹俩的**脾气格外火暴**。得分的时候，她们经常会发出一声怒吼，和以前那些优雅的网球运动员完全不一样。

人们看到赛场上的大威和小威，不禁赞叹女性力量的强大，原来有力量的女性也有一种独特的美。

大威和小威不但敢于展示不一样的自我，而且遭受不公平的待遇时，她们也敢于**大声地质疑**。

2004年美国网球公开赛四分之一决赛时，小威对阵卡普里亚蒂，两人奋力厮杀打成平分。在比赛的最后一刻，小威打出一记反手斜线回球，现场的线审和电视转播都显示该球为界内球，但当值主裁判却坚持认为这个球出界了。

当时没有先进的鹰眼系统提供有力的证据，而且根据网球比赛的规则，主裁判的判罚即为最终判罚，因此小威最终输掉了比赛。

比赛结束以后，所有人都以为小威会忍气吞声，但小威却大胆地指责主裁判判断失误，认为这样的比赛**不公平**。

面对媒体的采访，小威依然坚持自己的说法，丝毫不顾及可能会产生的后果。

经过媒体报道以后，这件事闹得沸沸扬扬。美国网球公开赛组委会没想到这个年轻的姑娘竟然这样勇敢，最终承认误判，并处罚了当值裁判。

为了避免再次发生这样的事情，2006年，美国网球公开赛全面引入了**鹰眼系统**。鹰眼系统可以准确地追踪球的运行路径，并且能即时回放。

有了鹰眼系统以后，赛场上出现误判的情况大大减少，也使这项运动变得更加公平公正。

在鹰眼系统被投入使用这件事上，小威发挥了很大的推动作用。可是，大威和小威受到的不公平对待却没有因此减少。

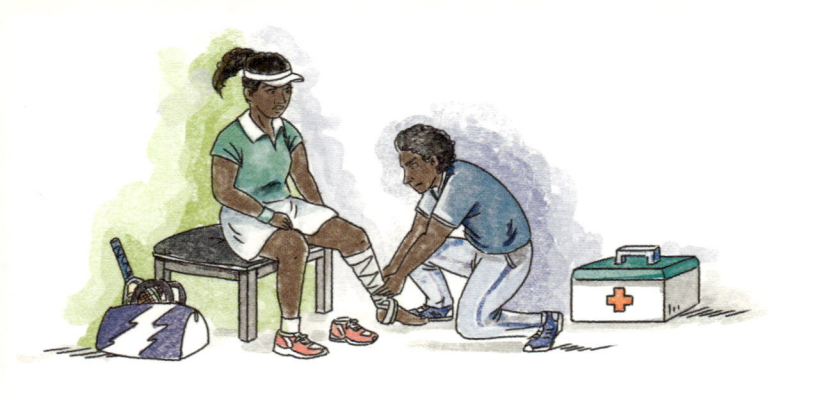

分别获得过大满贯单打冠军的小威和大威，经常在比赛中相遇，上演**姐妹战**。

有一年，在印第安维尔斯大师赛半决赛中，原本要对阵妹妹的大威因伤退赛，致使妹妹不战而胜，直接晋级决赛。

这本来是一件再正常不过的事了，可是因为大威和小威是亲姐妹，而且她们的父亲理查德一直参与她们的网球生涯，于是有人说威廉姆斯姐妹的比赛输赢都是由她们的父亲理查德暗中操控的。

到了决赛时刻，小威一出场，全场观众不断地对她发出"嘘"声。

虽然比赛的结果是小威夺冠了，但观众的嘘声对她造成了很大的心理伤害，比赛结束后，小威在更衣室里哭了很久。后来，大威和小威宁愿被处罚，也不再参加这站的比赛了。

从贫民窟走出的威廉姆斯姐妹，从小就被人们看作"异类"。在赛场上，她们充满力量的打法、敢于挑战不公的勇气，都向全世界证明了女性的力量。

威廉姆斯姐妹凭借自己的力量，改变了女子网坛的风格和格局，让许多女运动员都开始重视力量的训练。女子网坛因为她们而变得更加纯粹，网球比赛也更加具有观赏性。

21

横扫网坛，铸就传奇
"妈妈级选手"仍能位列顶尖

也许有人会发出疑问：单凭勇气就能改变女子网坛吗？

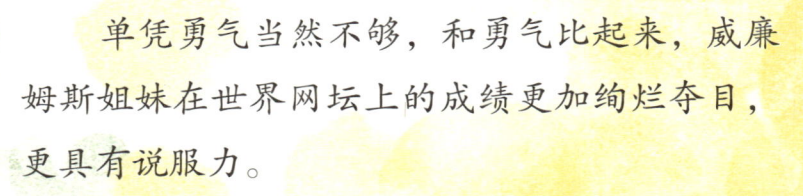

单凭勇气当然不够，和勇气比起来，威廉姆斯姐妹在世界网坛上的成绩更加绚烂夺目，更具有说服力。

大满贯赛事对于职业网球选手来说非常重要，是衡量顶尖运动员竞技水平的关键赛事。

截至2023年四大满贯赛事结束，大威获得了7个大满贯女子单打冠军，而小威虽然比大威起步晚，但她的成绩更加让人惊叹。

威廉姆斯姐妹赢得的奖项

维纳斯·威廉姆斯（姐姐）

大满贯女子单打冠军　7个

大满贯女子双打冠军　14个

塞雷娜·威廉姆斯（妹妹）

大满贯女子单打冠军　23个

（澳大利亚网球公开赛冠军7个）

（温布尔登网球锦标赛冠军7个）

（美国网球公开赛冠军6个）

（法国网球公开赛冠军3个）

大满贯女子双打冠军　14个

而且小威的强大不仅体现在单打，她和姐姐搭档，在大满贯双打赛事中所向披靡，现已斩获共计**14个大满贯双打冠军**。

在奥运会赛场上，小威同样发挥出色。

维纳斯·威廉姆斯与塞雷娜·威廉姆斯搭档

2000 年悉尼奥运会女子网球双打冠军

2008 年北京奥运会女子网球双打冠军

2012 年伦敦奥运会女子网球双打冠军

塞雷娜·威廉姆斯

2012 年伦敦奥运会女子网球单打冠军

2012年，小威在伦敦奥运赛场的成功，让她完成了个人职业生涯"金满贯"（指网球选手在职业生涯中获得所有四大满贯赛事的冠军和夏季奥运会网球项目的金牌）。迄今为止，网坛历史上仅有4人完成，分别是格拉芙、阿加西、纳达尔和小威。而小威是其中唯一获得单双打金满贯的职业球员。

2017年澳大利亚网球公开赛，36岁的小威与37岁的姐姐大威在决赛场上相遇，两人上演了一场精彩绝伦的较量。

这场比赛最终以小威直落两盘胜出而告终，她也拿下了属于自己的第23个大满贯冠军，并超越22冠的格拉芙，独居公开赛年代第一。

最令人震惊的是，**当时的小威已经怀孕两个月，她是带着肚子里的孩子参加比赛的。**

人们知道这个消息时，全都惊讶得说不出话来。在这样的情况下参加比赛，可想而知要冒着多么大的风险！

但小威是那么热爱网球，而且她相信腹中的孩子一定会和自己一样坚强。事实证明，她做到了！

有人问小威："你是怎样做到这么优秀的呢？"

小威说："我知道世界上不存在绝对的完美，但我清楚自己的**完美标准**是什么，如果达不到就不会停下来。"

小威说的一点儿也不假，上幼儿园时，如果写不好字母表，她就会一边哭一边反复写，直到把字写好才停下来。正是这种永不服输的精神和极强的好胜心，促使她走向辉煌。

2017年澳大利亚网球公开赛之后一年半的时间里，小威没有参赛。她经历了剖宫产、肺栓塞，艰难地生下女儿，产后抑郁又让她几度崩溃。

就当所有人都以为小威将彻底淡出网坛的时候，她又选择重回赛场。

2018年美国网球公开赛，小威闯入决赛。决赛现场，站在小威对面的是20岁的日本混血选手大坂直美。

面对比自己年轻十几岁的选手，小威不敢懈怠。她在赛场上奋力拼搏，和大坂直美上演了一场**巅峰对决**。

在比赛过程中，对于裁判给出的几次不合理的判罚，小威不顾观众的非议和讥笑，一次又一次向裁判提出异议，可裁判坚持认为自己的判罚是正确的，小威最后因此输掉了比赛。

小威虽然抱憾而归，但她以两个月身孕的状态下拿下大满贯，经历艰难的产后康复勇敢复出，又在大满贯的舞台上闯入决赛，这些都展现出她顽强的意志和对胜利的渴望。

小威在不断书写着自己的传奇。她早就已经成为一张闪光的名片，闪耀在世界网坛了。

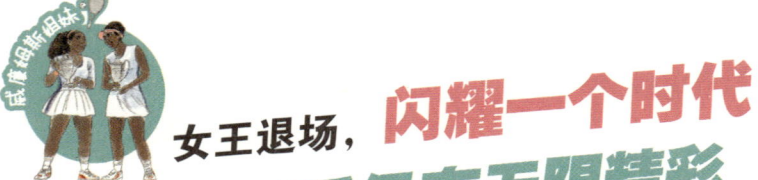

女王退场，**闪耀一个时代**
转身过后仍有无限精彩

2022年小威宣布退役，结束自己的职业生涯，转身一变成为叱咤风云的 **商业女王**，她的投资遍布时尚、科技、体育等多个领域。

大威依然奋战在网坛，成绩依然非常优秀。但很多人不知道的是，大威在20多岁的时候，就开始为退役后的生活做准备了。她在比赛之余专门去时装设计学校进行学习，早已成为一名优秀的 **设计师**。

在网球场上,大威和小威既是独自上场的单打女王,又是并肩作战的双打传奇。在网球场之外,她们是成功的商人、优秀的设计师。

回顾大威和小威的成功之路,人们发现,她们的成功和父亲理查德分不开。正是理查德让她们从小坚持学习和训练,使她们养成了**永不服输、无所畏惧**的精神。拥有这样的精神,无论是在运动场上,还是在其他方面,她们终将获得成功。

大威和小威的故事，激励着无数的年轻女孩，给她们平凡的生活增添了无穷的力量。

打败小威首次夺得大满贯女子单打冠军的大坂直美曾经说过：

"**如果没有塞雷娜、维纳斯以及她们一家，我今天也不会坐在这里。**"

从大威和小威的故事中可以看出，成功的人都拥有一些相同的品质，她们勇往直前、永不服输、敢于接受挑战，拥有突破困境的勇气和决心。

但这些品质不是天生的，而是通过后天的学习磨炼得到的。如果你想像大威、小威一样成功，
就从现在开始，好好努力吧。

威廉姆斯姐妹

WEILIANMUSI JIEMEI

美国

职业网球运动员

维纳斯·威廉姆斯与塞雷娜·威廉姆斯

联手获得 14 个大满贯女子双打冠军

联手在 3 届奥运会上获得网球女子双打冠军

小威共获得 23 个大满贯女子单打冠军

大威共获得 7 个大满贯女子单打冠军

小威在 2022 年宣布退役，大威依然征战在网球赛场

荣誉记录

RONGYUJILU

体育名人堂

大威廉姆斯荣誉记录（截至2023年7月31日）：

5次温网女单冠军　2次美网女单冠军　6次温网女双冠军

4次澳网女双冠军　2次法网女双冠军　2次美网女双冠军

1次澳网混双冠军　1次法网混双冠军

1次奥运会女单冠军（2000年悉尼奥运会）

3次奥运会女双冠军（2000年悉尼奥运会、2008年北京奥运会、2012年伦敦奥运会）　1次WTA年终总决赛女单冠军

小威廉姆斯荣誉记录：

7次澳网女单冠军　7次温网女单冠军　6次美网女单冠军

3次法网女单冠军　6次温网女双冠军　4次澳网女双冠军

2次法网女双冠军　2次美网女双冠军　1次温网混双冠军

1次美网混双冠军　5次WTA年终总决赛女单冠军

1次奥运会女单冠军（2012年伦敦奥运会）

3次奥运会女双冠军（2000年悉尼奥运会、2008年北京奥运会、2012年伦敦奥运会）

（在网球比赛中，女子单打简称女单；女子双打简称女双；混合双打简称混双。）

网球

起源

12—13 世纪，网球起源于法国。19 世纪，现代网球运动在英国出现。这项运动早在 1896 年雅典举行的第一届现代奥运会上，就被列为正式比赛。

场地要求

网球场地要求是一个长 23.77 米的长方形区域，单打场地宽 8.23 米、双打场地宽 10.97 米。底线与挡网之间的距离不小于 6.40 米，边线与挡网之间的距离不小于 3.66 米。

球场须在中央用球网分隔开。在球场两侧安装的网柱用于支撑球网，网柱间距为 12.80 米，网柱高度为 1.07 米，球网中心高度为 0.914 米。

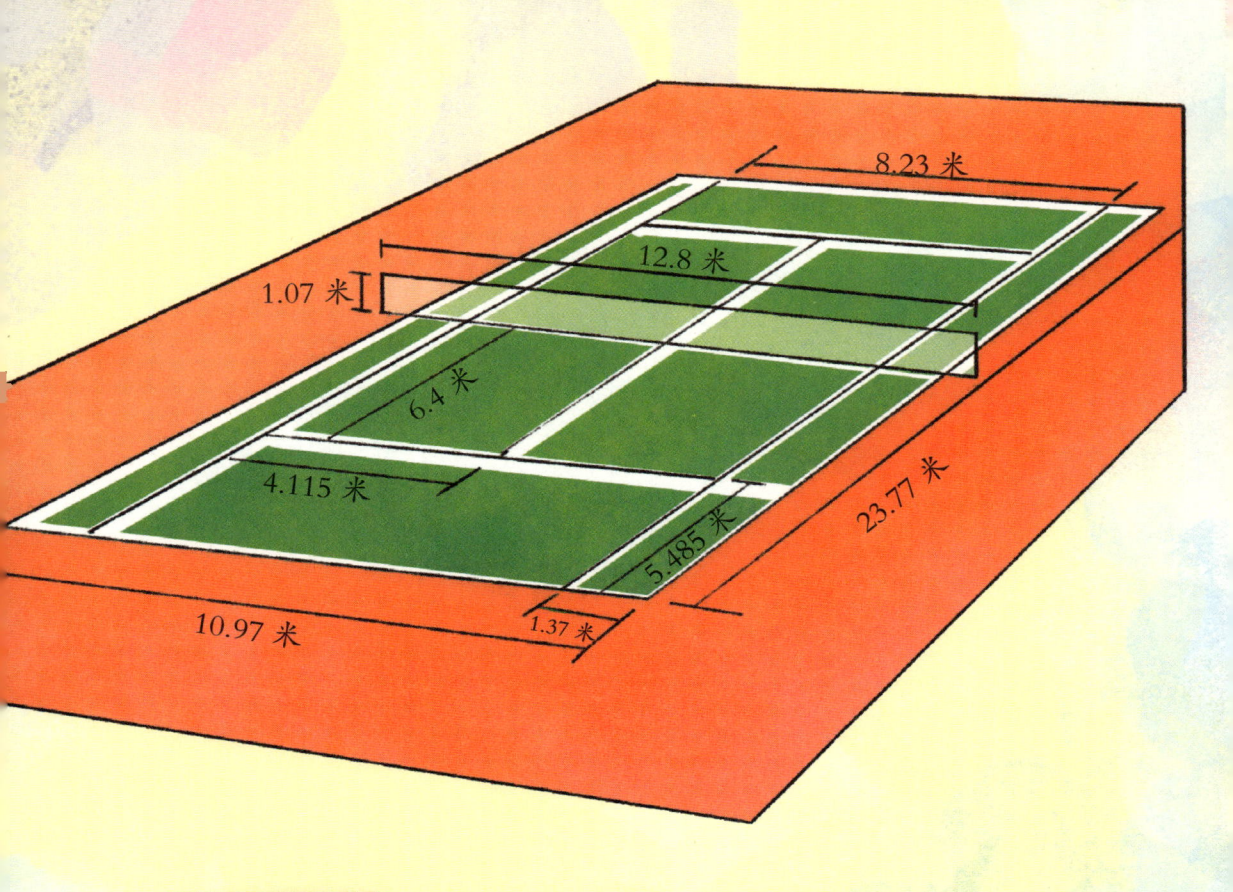

球场种类

网球场可分为室外场和室内场，根据球场表面的不同，又可以分为草地场、红土场、硬地场和地毯场等。

比赛用球

比赛用球为白色或黄色，由橡胶化合物制作而成，外表用毛毡均匀覆盖，接缝处没有缝线。直径一般为6.54~6.86厘米，重量是56.0~59.4克。

球拍

网球的球拍由拍头、拍喉、拍柄三个部分组成。职业比赛中，球拍的击球面必须是平的，且球线要大致均匀，球拍总长度不得超过73.66厘米，总宽度不得超过31.75厘米。

中国骄傲

中国第一位大满贯女子单打冠军得主是李娜。她在2011年获得法国网球公开赛女子单打冠军，是中国乃至亚洲球员中第一个在网球四大满贯赛事上夺得单打冠军的。2014年澳大利亚网球公开赛，李娜获得女子单打冠军。

2004年雅典奥运会网球女子双打决赛中，中国选手李婷与孙甜甜以2:0击败西班牙的帕斯奎尔与马丁内斯后获得冠军。这是中国网球选手在奥运会上获得的唯一金牌。